En Avant, ... l'Arche!

A LA MANIÈRE DE BUFFON

En Avant,.... l'Arche !

TEXTE ET DESSINS DE MARC

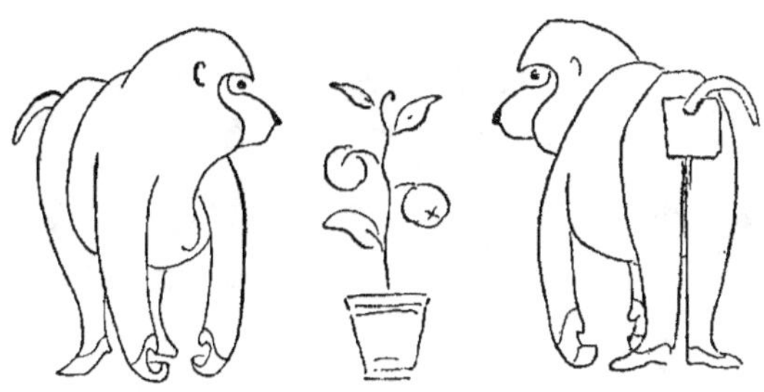

PARIS

LIBRAIRIE DELAGRAVE

15, RUE SOUFFLOT, 15

1921

A

JULIETTE,

JACQUES,

SUZANNE,

ANDRÉ,

ANTOINETTE,

JEAN-JEAN.

Le Hérisson.

Le Hérisson, comme chacun peut s'en rendre compte en regardant son portrait, est un gracieux petit animal, au groin malicieux, à l'œil vif, et dont toute la personne a quelque chose de piquant qui force l'amitié.

Sa peau, au lieu de porter des poils, est toute hérissée d'aiguillons; c'est là un grand bonheur pour l'animal, car pensez comme on se moquerait de lui si, avec un nom pareil, il avait la peau lisse comme celle d'une anguille.

Il vit à la campagne, dans les haies bien épaisses, les fourrés et les tas de pierres, où il s'aménage une tanière. Mais on le rencontre un peu partout; je me rappelle en avoir trouvé un, en 1914, dans le filet d'un wagon de chemin de fer; c'est d'ailleurs une grande rareté. Ce hérisson resta longtemps notre compagnon de guerre ; il mourut de façon tragique. Mais l'histoire est trop triste pour que je la raconte.

Le Hérisson circule surtout à la nuit tombante, c'est pourquoi bien des détails de sa vie sont restés longtemps dans l'ombre. Pourtant une foule d'histoires couraient sur son compte ; venant de simples paysans, elles passaient pour des légendes ; depuis qu'elles ont été confirmées par des chasseurs, gens qui ne mentent jamais, on ne les discute plus.

Donc, un chasseur à l'affût à la lisière d'un bois vit un fort hérisson sortir du fourré, se rendre sous un poirier planté dans le champ voisin, et s'y offrir un copieux déjeuner. Une fois bien rassasié, l'animal se roula quelques instants sur le dos et regagna le bois, emportant avec lui une petite cargaison de poires fichées à ses piquants. Quand il fut arrivé à une clairière, il grogna d'une voix câline, et l'on vit accourir en gambadant une demi-douzaine d'enfants hérissons. Le vieux se secoua comme un chien qui sort de l'eau, et distribua de cette façon ses provisions à sa marmaille.

On ne sait pas si c'était le père ou la mère; le chasseur n'osa pas le lui demander, car tout le monde sait qu'à l'affût il faut rester absolument immobile et silencieux.

C'est de la même façon que notre animal emporte chez lui les feuilles mortes qui lui servent à capitonner son nid.

Le Hérisson, cependant, ne mange pas que des fruits; il raffole des grenouilles et des crapauds; malgré son air lambin, on l'a vu attraper à la course non seulement des mulots et des souris, mais aussi des limaces.

Dans notre société le Hérisson exerce la profession d'Insectivore. Trente-six dents pointues, presque égales, comme des dents de scie, lui permettent de croquer les bêtes qui ont les carapaces les plus dures et les plus vilains noms, comme, par exemple, les Mormolyces, les Élaphres, les Clytres et les Mélolonthes. Ces dernières, d'ailleurs ne sont autres que des hannetons, de sorte que le Hérisson doit être considéré comme un animal utile qu'il faut protéger. Il rend aussi de grands services dans les maisons, où il se laisse facilement apprivoiser, même s'il a été

capturé adulte. Il débarrasse, en un rien de temps, la cuisine de tous les cafards et cancrelats qui l'infestent. On raconte qu'un hérisson domestique fut prêté par son propriétaire à tous ses amis successivement, et qu'il réussit chaque fois à faire maison nette.

Quand il se met en colère, ce qui lui arrive comme à tout le monde, il fronce la peau du front et dirige ses piquants en avant. Il attaque ainsi, et met en fuite, des animaux beaucoup plus forts que lui. Mais le plus souvent, quand il est en danger, il ne cherche pas midi à quatorze heures; il se roule vivement en boule; de sorte qu'il présente de tous côtés les pointes de ses épines. Cette façon de se défendre est très efficace. Un poète grec, qui vivait 700 ans avant notre ère, disait déjà : « Le renard connaît une foule de tours, le hérisson n'en sait qu'un, mais qui est bon. » Bien rares, en effet, sont les chiens qui consentent à se mettre la gueule

en sang pour le croquer. Par exemple, ils aboient vigoureusement, car ils sont furieux que ce misérable animal se moque d'eux de cette façon. Les renards, quelquefois, roulent la boule jusqu'à une flaque d'eau, ou la mouillent d'une autre façon, pas très propre, et que je n'ai pas besoin d'expliquer. La pauvre bête se déroule pour protester, et se fait prendre.

On dit que les Bohémiens mangent de la soupe au hérisson; je ne sais pas si ce bouillon a bon goût. De la peau on fait des casquettes, tout ce qu'il y a de plus originales.

Enfin il faut savoir que la fourrure du hérisson n'a pas, comme celle du chat par exemple, un sens bien défini. On peut donc le caresser aussi bien de la queue vers la tête que de la tête vers la queue. En réalité, il vaut mieux ne pas le caresser du tout, car le pauvre animal, à cause de ses piquants, est incapable de se gratter; de sorte qu'il est entièrement, complètement et intégralement couvert de puces.

Et cela, je ne l'invente pas, je l'ai vu de mes yeux, et je cours encore.

La Puce.

Peu d'animaux tiennent, avec un aussi petit corps, une aussi grande place que la Puce. Cela vient de ce qu'elle est très remuante. Elle a deux pattes très longues, comme la sauterelle, qui lui permettent de se déplacer rapidement et d'attirer l'attention presque en même temps sur plusieurs endroits à la fois.

. . . .

Permettez-moi de m'interrompre un instant. J'avais demandé à ces deux Singes de me procurer une puce pour que je puisse vous en présenter le portrait, et voilà qu'ils n'en finissent pas de livrer la commande.

Heureusement qu'ils sont en cage; cela nous permet au moins de surveiller leur travail.

Continuons toujours en attendant.

. . . .

La Puce est une vilaine bête; elle se repaît de sang, qu'elle suce en perçant de petits trous dans la peau des animaux et de l'homme. Ceux-ci se grattent, mais toujours trop tard.

Elle a en tout six pattes articulées. Elle est donc un insecte. Là-dessus pas d'hésitation. Mais je n'ai jamais bien compris pourquoi les professeurs de Zoologie la classent parmi les diptères, c'est-à-dire parmi les insectes à deux ailes, avec les mouches. Chaque fois que j'ai eu des puces, — ne riez pas, cela vous arrivera aussi, — j'ai bien regardé; jamais je ne leur ai vu d'ailes. La seule ressemblance que je leur connaisse, c'est leur larve. Comme le papillon vient de la chenille, de même la mouche vient de l'asticot. Or la larve de la Puce est un petit asticot, tout joli, tout minuscule. Elle éclôt et se transforme dans les rainures des parquets, dans les maisons et dans les niches à chiens.

A ce propos il faut savoir qu'il y a différentes sortes de Puces. Celle de l'homme, qui n'épargne d'ailleurs ni la femme ni les enfants, est noir-brun, comme du café ; celle du chien, un peu plus grosse, tirerait plutôt sur le chocolat.

o . o . . . .

Ces Singes sont vraiment bien agaçants !

Le gros est un Mandrill. Il vient de la Guinée, en Afrique occidentale. C'est le mammifère qui est orné des couleurs les plus vives : nez de coquelicot, joues de bleuet, barbe de bouton d'or. L'autre côté, qu'on ne voit pas parce qu'il est assis dessus, est plus nuancé et va de la couleur du lilas à celle de la rose.

Le Mandrill est très vigoureux et assez méchant, mais tout de même pas autant qu'il en a l'air.

Il n'a qu'une petite queue de rien du tout.

Le petit chasseur, là sur la gauche, qui a l'air de ne pas s'en faire, est un Talapoin. On

le trouve au Congo. C'est le plus petit des Singes de l'ancien continent. Le Ouistiti, qui vit dans l'Amérique du Sud, est bien plus petit encore; j'ai connu une dame qui en avait un, enveloppé dans un mouchoir de soie, au fond de sa poche. On ne pourrait pas en faire autant avec un Talapoin. Ce dernier est doux et facile à apprivoiser, comme beaucoup de Cercopithèques, ou singes à queue.

. . . .

De toutes les Puces, la plus importante à connaître est celle du Rat; c'est elle qui transporte cette terrible maladie qu'on appelle la peste.

Quand la puce a sucé le sang d'un rat pesteux, sa trompe contient le microbe de la maladie, et si l'insecte vient à piquer un autre rat ou un homme, il lui inocule la peste.

Depuis que l'on sait cela, on se défend bien mieux contre les épidémies qui étaient, il y a peu de temps encore, des fléaux terribles, et dont la cause ainsi que le mode de propagation sont restés longtemps mystérieux.

Qu'on se rappelle à ce sujet la fable où les animaux malades de la peste s'assemblent sous la présidence du Lion, pour chercher la cause du mal dont ils ne mouraient pas tous, mais dont tous étaient frappés.

Si La Fontaine vivait de nos jours, il tournerait son récit tout autrement. Comme ceci, je suppose :

Les Animaux malades de la Peste.

Un animal qui fait horreur,
Et que le Ciel, dans sa fureur,
Inventa pour punir l'iniquité terrestre,

> La Puce, puisqu'il faut l'appeler par son nom,
> Capable d'enrichir en un jour l'Achéron,
> Donnait aux Animaux la pest.....

J'ai peur que cela ne rime pas très bien. Dois-je continuer? Qu'en pensez-vous?

. . . .

Eh bien! monsieur Talapoin? C'est pour aujourd'hui ou pour demain?

. . . .

Grâce à ses pattes sauteuses, la Puce peut faire des bonds prodigieux. On a calculé que si l'homme était capable, en proportion, de sauter aussi haut qu'elle, il franchirait sans peine la Tour Eiffel. La Puce a ce grand avantage sur l'homme qu'étant dépourvue de squelette osseux elle ne risque pas de se rompre le cou en retombant.

Quand on regarde une Puce bien en face, entre les yeux...

Vues à la loupe, les griffes de la Puce...

Décidément, je perds patience. Ayez donc la bonté de surveiller les Singes à ma place. Quand ils auront trouvé ce qu'il nous faut, vous me préviendrez.

Moi, je passe à une autre bête.

Le Lama

Et les autres Chameaux du Nouveau Monde.

Pour nous, qui n'y entendons rien, un chameau est une bête qui a deux bosses sur le dos; mais il paraît que ces ornements si apparents ne sont que des accessoires. Pour être un chameau, il faut bien autre chose. C'est ainsi que le Lama, par exemple, mérite ce nom, car il a la même dentition, les mêmes estomacs, la même sobriété, et un squelette qui, comme celui du Chameau, ne présente aucune trace de bosse.

Les Lamas vivent au Pérou et au Chili, et jusqu'à la Terre de Feu, où il fait si froid, de préférence sur les hauts plateaux montagneux. Ceux que l'on voit en Europe, dans les Jardins zoologiques, y sont en général contre leur volonté. Il y a bien encore un Grand Lama au Thibet, mais il est seul de son espèce, et je crois bien que personne ne l'a jamais vu.

D'ailleurs ce n'est pas un ruminant, et il ne nous intéresse pas.

Dans leur pays, ces excellents animaux rendent à l'homme d'inappréciables services, principalement comme bêtes de somme. On les charge, à même leur épaisse toison, d'un fardeau qui dépasse rarement 5o kilos, et on les conduit en caravanes de plusieurs centaines de bêtes d'un bord de l'Amérique à l'autre, par-dessus les montagnes les plus abruptes. Les étapes ne sont pas bien longues, 10 à 20 kilomètres par jour, tout au plus. « Ces animaux, écrit Buffon, sont doux et flegmatiques, et font tout avec poids et mesure. » On ne peut que partager son avis quand on songe que le fourniment complet des chasseurs alpins de l'armée française atteint 32 kilos, et que les mulets militaires sont chargés à 120 kilos; ainsi lestés ils font 3o, et quelquefois 4o kilomètres par jour.

Des Lamas en caravane ont l'air d'une famille nombreuse en excursion; ils voyagent en amateurs, ne se pressent pas, regardent à droite et à gauche, broutent quand il leur plaît, et, à la moindre fatigue, ils se

couchent, non sans les plus grandes précautions, d'ailleurs, pour ne pas déranger leur charge. Pour les conduire on en choisit un auquel on met une clochette au cou, un licol orné des plus belles couleurs, et un petit drapeau sur la tête. On en garde toujours une quarantaine non chargés, pour soulager ceux qui viendraient à être fatigués en cours de route.

Ce qui les caractérise encore, c'est leur extrême curiosité. Qu'un objet inusité vienne à frapper leur attention, toute la caravane s'arrête et va voir de près de quoi il s'agit. Cela met souvent un grand désordre dans le convoi.

Les indigènes sont très doux avec eux, car

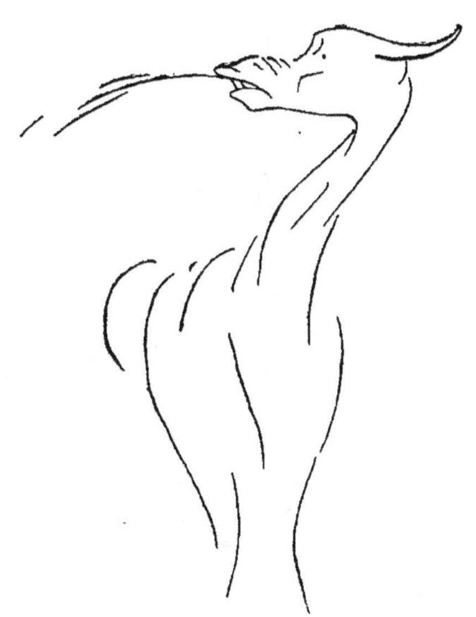

ces bonnes bêtes ne supportent pas les mauvais traitements. Outre qu'ils sont très fragiles, les Lamas sont aussi d'un caractère très susceptible. « Mais, dit encore Buffon, ils ne se défendent ni des pieds ni des dents, et n'ont d'autre arme que leur indignation ; ils crachent à la face de ceux qui les insultent. » A plus forte raison en font-ils autant à ceux qui les frappent. Et, vous savez, quand un Lama crache, c'est sérieux ; car il n'hésite pas et vous envoie tout ce qu'il a sous la main, si je puis ainsi parler, même s'il est en train

de ruminer. C'est pour cette raison que je vous conseille de ne pas regarder trop longuement le Lama que nous vous présentons; quand ils couchent les oreilles comme cela, il faut toujours se défier.

Un cousin du Lama, l'Alpaca, vit également à l'état domestique; mais il est un peu plus petit, et on l'élève surtout pour tondre sa toison, qui est extraordinairement épaisse.

Deux autres membres de la famille vivent, au contraire, à l'état sauvage; ce sont le Guanaco et la Vigogne. Le premier est un

Lama à poil très court; le second ne diffère du premier que par une sorte de crinière qu'il porte sur les deux épaules.

Ils sont très agiles et circulent avec une étonnante facilité dans les rochers de leurs montagnes.

Ils montrent cependant quelques différences de caractère : lorsque le chef d'un troupeau de Guanacos a été blessé par un chasseur, les autres se sauvent, alors que, dans les mêmes circonstances, les Vigognes n'abandonnent pas leur capitaine.

Pour capturer des Vigognes, les Indiens se réunissent en grandes troupes et délimitent, à l'aide de pieux réunis par des cordes, un vaste enclos largement ouvert d'un côté; aux cordes ils suspendent des banderoles d'étoffe. Les chasseurs rabattent alors tous les troupeaux de Vigognes qu'ils rencontrent vers cette enceinte d'où les pauvres bêtes, effrayées par les étoffes flottantes, n'osent pas s'échapper. Les Guanacos sont beaucoup moins craintifs, et s'il s'en trouve quelques-uns mêlés par hasard aux Vigognes pourchassées, ils font sauter cordes et piquets, frayent ainsi un chemin aux autres, et tout le monde détale.

Les cavaliers les chassent aussi à l'aide des « bolas ». Ce sont deux boules réunies par une corde qu'on jette dans les pattes du gibier en fuite; l'animal s'entortille et finit par tomber.

Il paraît aussi qu'on peut prendre les Guanacos en s'adressant au défaut principal de la famille, la curiosité. Le chasseur n'a, dit-on, qu'à se coucher par terre, à ramper, à exécuter toutes sortes de tours d'équilibriste, pour voir un troupeau s'approcher et faire cercle autour de lui comme le public d'un cirque. Et quand il tire un coup de fusil dans le tas, ses spectateurs n'en sont nullement effrayés; ils prennent cela pour le clou d'un numéro particulièrement réussi.

Moi, je veux bien le croire; mettons même, si vous voulez, qu'ils applaudissent à tout rompre en criant « Bis! ».

Le Grand Duc.

Avant de raconter l'histoire naturelle du Grand Duc, je voudrais dire quelques mots de la belle image en couleurs que vous voyez plus loin.

Tout le monde reconnaîtra un oiseau ; il est même très réussi et donne bien le caractère du Grand Duc; mais le papier peint qui est derrière demande une explication. On y voit deux sortes de raies : les noires représentent du noir; les autres, qui ont l'air de colonnes égyptiennes, sont des troncs d'arbres, des troncs de pins, pour être plus précis. L'ensemble signifie que l'oiseau se trouve dans une forêt de pins, et dans une forêt où il fait très sombre. Cela était indispensable, car c'est un oiseau nocturne, et quand il fait un peu trop jour il garde les yeux fermés. Vous voyez le joli portrait que nous aurions eu.

Quand vous allez chez le photographe, on vous dit d'ouvrir les yeux et de regarder le petit oiseau; j'ai dit à mon grand oiseau : « Ouvrez bien les yeux, et regardez la demoiselle, ou le monsieur. » Et voilà. Il est posé sur la souche d'un pin qui a été scié et abattu; ce tronc est plus gros que les autres parce qu'il est plus rapproché. Maintenant, si l'image ne vous plaît pas, tant pis pour vous; moi, j'ai fait de mon mieux.

Les hommes, c'est bien connu, sont de tous les animaux les plus égoïstes; ils se croient le centre de la création, et, en particulier, ils jugent qu'un animal est utile ou nuisible uniquement par rapport à eux. Les rapaces nocturnes en général font une chasse très active aux petits mammifères, rats, écureuils, mulots, et on les considère pour cela comme utiles; seul le Grand Duc est dit nuisible, parce qu'il est assez gros pour attraper des lapins et des lièvres, que l'homme se réserve de tuer et de manger lui-même.

Tel, cependant, ne devait pas être l'avis d'une certaine famille auvergnate qui, dit-on, se fit entretenir jadis par un ménage de

Grands Ducs. Voici comment : ces oiseaux joignent à un talent de chasseur hors ligne un grand amour pour leurs petits; nulle nichée n'est plus richement approvisionnée que la leur. Or, un paysan d'Auvergne avait découvert un nid de Grands Ducs moins bien caché qu'ils ne le sont d'ordinaire, et il allait régulièrement y chercher, pour sa famille, de quoi faire une gibelotte, un civet, ou une simple ratatouille.

L'histoire suivante, qui s'est passée en Poméranie, mérite d'être contée à ce propos. Un de ces oiseaux vivait en captivité, enchaîné par une patte, près d'un poste forestier. Un de ses congénères, attiré par ses appels, le prit en pitié, et lui apporta de la nourriture, toutes les nuits, pendant près d'un mois. En quatre semaines on constata : trois lièvres, un rat d'eau, une pie, deux grives, une huppe, deux perdrix, un vanneau, deux poules d'eau, un canard sauvage et un nombre incalculable de rats ordinaires et de souris. Cela prouve que les Grands Ducs ont aussi bon appétit que bon cœur, et aussi — pourquoi pas? — qu'ils ont un langage pour se comprendre

entre eux. Mon cher ami, Jean de La Fontaine,
dirait une fois de plus :

> Qu'on m'aille soutenir, après un tel récit,
> Que les bêtes n'ont point d'esprit !

En tout cas nos oiseaux sont plus intelli-
gents que les poules, comme le prouva une
Grande Duchesse à laquelle on avait subtilisé
ses œufs pour les remplacer par autant d'œufs
de cane. Elle couva consciencieusement pen-

dant vingt-huit jours, mais elle refusa de reconnaître pour ses enfants les canetons éclos, et elle les dévora. C'était triste, mais c'était bien fait pour le monsieur qui lui avait joué ce tour.

Le Grand Duc ne chasse que la nuit. Il vole quand les autres animaux dorment, il les réveille en claquant du bec et en poussant des cris affreux, et il se saisit d'eux quand ils se sauvent en chemise de nuit. Voici comment Buffon nous traduit le cri du Duc : *Huihou ! houhou ! bouhou ! pouhou !* Je suis bien sûr que je me sauverais aussi si j'entendais cela, brusquement, dans ma chambre à coucher. Le jour, par contre, il se tient caché dans un creux de rocher ou un tronc vermoulu ; mais que d'autres oiseaux viennent à découvrir sa retraite, aussitôt toute la foule accourt pour se venger ; on l'entoure, on le bouscule, on l'insulte ; « les plus petits, les plus faibles de ses ennemis, sont les plus ardents à le tourmenter, les plus opiniâtres à le huer, » dit Buffon.

Les chasseurs mettent à profit cet acharnement. Ils exposent un Grand Duc captif, ou

même empaillé, et l'entourent de branchages enduits de glu, où les autres oiseaux viennent se prendre; ou bien ils se dissimulent dans les environs et abattent à coups de fusil ceux qu'ils veulent détruire.

Le Grand Duc appartient à la famille des Hiboux, comme le prouvent les deux cornes, ou aigrettes, qu'il porte sur le front. S'il ne les avait pas... « Il serait beaucoup moins chouette, » direz-vous. Mais non, au contraire, il deviendrait justement une Chouette, et passerait dans une autre famille de Rapaces nocturnes.

Pour qu'on l'appelle Grand, c'est qu'il doit y en avoir un petit? Parfaitement, et même un moyen. Mais n'allez pas vous imaginer qu'il suffira de placer votre livre d'images à quelque distance de vous, ou au bout de la chambre, pour avoir le portrait des ducs de plus en plus petits. Ils ont leur physionomie à eux, qui diffère de celle du grand. Comme je ne saurais bien vous les décrire, je vous donne ici deux croquis rapides qui vous en donneront une idée.

A ces détails près, les hiboux se ressemblent et mènent une vie très analogue. C'est une famille très fermée.

Ils n'ont guère de points communs qu'avec les Poux, qui, comme eux, chassent surtout la nuit et, comme eux, prennent un x au pluriel.

0-21

IMPRIMERIE DELAGRAVE
VILLEFRANCHE-DE-ROUERGUE